DÉFENSE

DE LA

VOLATILITÉ

DU PHLOGISTIQUE,

OU

LETTRE

*De l'Auteur des Digreſſions Aca-
démiques, à l'Auteur du Journal
de Médecine, en Réponſe à ſa
Critique de la Diſſertation ſur le
Phlogiſtique, &c.*

par M. De Morveau.

AVERTISSEMENT.

L'Auteur, qui a pour but de plaire, peut laisser sans réponse les critiques qu'il essuie : son Ouvrage est la seule Piece dont ses Juges aient besoin ; le Tribunal du Goût n'a jamais de motifs pour suspendre son Jugement ; & quand il l'a une fois porté, on ne doit ni craindre de le voir révoqué, ni espérer de le faire changer par des raisonnemens & des repliques. Il n'en est pas de même en Physique ; pour un petit nombre de Savans qui sont en état d'apprécier une critique, & d'en suppléer l'examen, il y a beaucoup de Lecteurs obligés d'attendre l'événement de la dispute, parce qu'ils ne peuvent être convaincus que lorsqu'on a mis sous leurs yeux, d'une part, toutes les raisons de douter; de l'autre, toutes les solutions. Le silence n'est donc tout au plus permis qu'à ces hommes dont les opinions, appuyées sur la base inébranlable de leur réputation, résistent assez par elles-mêmes au choc des contradictions que l'envie leur suscite; mais tous ceux qui, entrant dans cette carriere, osent proposer quelques idées nouvelles, s'engagent à en soutenir la vérité, à en fournir les preuves, à éclaircir les difficultés, & à détruire les objections; ils ne doivent s'arrêter enfin qu'où les personnalités commen-

cent, & où l'intérêt de la science
finit; c'est-à-dire, quand la con-
testation est suffisamment instruite,
pour que le Public prononce avec
connoissance de cause.

Ce sont ces considérations qui
ont décidé l'Auteur des Digressions
Académiques, à défendre la volatilité du Phlogistique établie 'dans
l'une de ses Dissertations, & com-
battue par M. Roux. Il s'étoit d'a-
bord proposé de lui adresser directement cette réponse, mais on lui a
fait observer qu'il n'étoit pas dans
l'usage d'insérer ces sortes de Pieces
dans son Journal, & que celle - ci
étoit d'ailleurs beaucoup trop lon-
gue pour cette destination; il a jugé
cependant devoir lui conserver la

A 3

premiere forme qu'il lui avoit donnée, comme la plus capable de rete-
nir dans les bornes de la modération
un Auteur qui croit avoir à se plaindre de quelqu'injustice.

DÉFENSE
DE LA
VOLATILITÉ
DU PHLOGISTIQUE,
OU LETTRE

De l'Auteur des Digreſſions Académiques, à l'Auteur du Journal de Médecine, en Réponſe à ſa Critique de la Diſſertation ſur le Phlogiſtique, &c.

C'EST à vous, MONSIEUR, que j'adreſſe ma réponſe à la Critique que vous avez faite de ma Diſſertation ſur le Phlogiſtique, dans votre Journal

A 4

de Septembre. Je ne me flatte pas de vous faire revenir à une opinion qui vous a si fort déplu ; mais je préfume affez de votre impartialité, pour croire que vous ne refuferez pas de mettre ma défenfe fous les yeux de vos Lecteurs.

La Differtation fur le Phlogiftique fait, comme vous l'obfervez, Monfieur, la plus grande partie du volume que j'ai donné au Public ; mais enfin, ce n'eft qu'une partie, & vous n'avez pas daigné indiquer feulement le fujet des autres Pieces qui y font jointes ; elles ne font cependant pas plus étrangeres à votre Journal ; celles fur-tout où j'effaie de ramener tous les phénomenes chymiques, fans exception, à la théorie de la plus faine phyfique, en fuivant les vues fublimes d'un des plus grands génies de votre fiecle. Si votre jugement n'a pas été plus favorable à ces deux Ouvrages, pourquoi n'avez-vous pas voulu m'é-claircr, en m'en communiquant les motifs, & garantir de l'erreur ceux que je pourrai y entraîner ? Si vous les avez vus avec plus d'indulgence, pourquoi avez-vous mis vos Lecteurs dans le cas de penser qu'ils ne valoient pas mieux que celui que vous critiquiez si amérement ? Dire beaucoup de mal de la moitié d'un Livre, & ne rien dire de l'autre, n'est-ce pas condamner tout le volume à l'oubli ? Mais je m'exagere sans doute cette injustice ; je ne dois m'en prendre qu'au chagrin que vous a causé la premiere Dissertation : il me suffira donc d'examiner les objections que vous me faites, & si je parviens à les résoudre d'une maniere qui intéresse du moins, si elle ne convainc pas, ceux qui aiment la science & la vérité, je pourrai me flatter d'avoir regagné tout ce que vous avez voulu me faire perdre dans leur opinion.

Il est difficile (dites-vous, Monsieur,) P. 196. *de concevoir comment un corps auquel on enleve un de ses principes constitutifs, &*

dont, par conséquent, on diminue réellement la maffe, devient cependant plus pefant
après cette fouftraction ; c'eft-à-dire, que
vous convenez formellement que les
métaux calcinés augmentent de poids,
que la calcination leur ôte le Phlogiftique, & ne leur donne rien : jufques-là,
nous voilà d'accord. En raifonnant d'a-
près ces faits, je me fuis dit ; mais puif-
qu'il n'y a bien certainement ici d'autre
changement que l'abfence du Phlogiftique , n'eft-il pas probable que c'eft l'abfence du Phlogiftique qui eft la caufe de
l'augmentation de poids ? Voilà le fyftême que j'ai embraffé, & voilà ce que
vous jugez une erreur fi palpable , que
vous ne pouvez me pardonner tout le
travail que j'ai entrepris pour l'apprécier.

P. 197. *Avant de rapporter fes expériences , l'Auteur s'eft cru obligé de rendre compte de
toutes celles qui ont été publiées jufqu'à ce
jour.* C'eft-là, Monfieur, fi je ne me
trompe, une de ces tournures par lef-

quelles on reproche un travail fans objet
néceffaire, fans la moindre utilité appa-
rente ; je n'y aurois peut-être pas fait
attention, fi elle ne revenoit auffi fou-
vent ; mais je retrouve ailleurs : *les expériences que l'Auteur a cru devoir faire
pour conftater l'effet.... Notre Auteur a
cru devoir fortifier fa théorie par quelques
applications.... Les objections auxquelles
il s'eft cru obligé de répondre..... Il croit
répondre à cette objection.... Il a cru devoir fuivre le Phlogiftique dans les calcinations par le nitre*, &c. Quoi, Monfieur,
vous ne voulez pas même qu'on me fache
le moindre gré d'avoir cherché à vérifier
un fait auffi intéreffant, d'en avoir dé-
fendu la vérité contre des témoignages
célebres & récens, de l'avoir réduit à fes
véritables circonftances, d'avoir pofé des
principes pour concilier des réfultats contraires, d'avoir entrepris en conféquence
une fuite d'opérations laborieufes, de les
avoir répétées, variées, comparées ; d'a-

voir enfin fuivi le phénomene de l'augmentation de poids dans les calcinations
humides, les calcinations par l'arfenic,
par le nitre, par les cemens, &c. &c. &c.
ce qui n'avoit été encore ni obfervé, ni
même foupçonné jufqu'à prefent ! Si je
me fuffe borné à recueillir ces faits, vous
n'auriez fûrement pas condamné mon
Ouvrage à l'oubli, vous, Monfieur,
qui fentez fi bien l'importance des faits
en phyfique ; vous vous feriez empreffé
de les conferver dans votre Journal ; &
parce que j'ai ofé en tenter l'explication,
parce que je les ai fait fervir à appuyer
ma doctrine, vous ne les regardez plus

P. 216. que comme *des détails* auxquels *il pa-
roîtra fuperflu* de s'arrêter, dès qu'on
aura renverfé mon fyftême.

Vous avouez, Monfieur, que je réfute
très-folidement les différentes opinions
de ceux qui ont voulu avant moi expliquer le même phénomene ; mais c'est un
petit fuccès que vous voulez encore faire

juger au - deſſus de mes forces, puiſque vous ajoutez tout de ſuite, *mais elles* P. 205. *avoient été déjà réfutées par pluſieurs autres Chymiſtes.* Quand le fait ſeroit exaɕt, quand je n'aurois fait que copier ces réfutations, ſans y ajouter, une pareille compilation pourroit peut-être trouver grace près de ceux qui aiment voir rapprocher tout ce qui eſt épars ſur la même matiere, qui croient que c'eſt rendre un ſervice quelconque à la ſcience ; & c'eſt aſſurément le plus grand nombre. Mais ſi vous euſſiez pris la peine de lire ce Chapitre avec quelqu'attention, je me flatte que vous y auriez remarqué, Monſieur, que je releve plus ſouvent que je ne copie les critiques, & que de dix ſyſtêmes que j'examine, il y en a quatre ſur leſquels on n'avoit, que je ſache, propoſé encore aucune objeɕtion ; ce ſont ceux de MM. Hales, Gellert, Meyer & Chardenon. Je dis, *que je ſache ;* car votre aſſurance me fait craindre qu'ils

n'aient effectivement été réfutés par *plu-
sieurs autres Chymistes*, qui auront échappé
à mes recherches : si cela est , j'espere
que vous aurez la complaisance de me
les indiquer, & le plaisir de m'être rencontré avec eux sans les avoir connus,
me vengera peut-être du reproche de les
avoir copiés.

A la lecture de votre Extrait, il n'est
personne qui ne croie que je joins le
mercure aux métaux dont il est impos-
sible de séparer le Phlogistique. Permettez-moi de vous représenter que vous ne
m'avez point compris ; j'ai seulement dit
en cet endroit que la facilité avec laquelle
le mercure se volatilisoit , ne permettoit
pas de le soumettre aux expériences par
lesquelles on veut constater l'augmentation de poids ; & si vous aviez eu la pa-
tience de parcourir mon cinquieme Chapitre , vous auriez trouvé, au nombre de
ces détails qui vous ont paru *superflus* ,
des expériences par lesquelles je me flatte

d'avoir découvert & démontré deux vérités bien contraires ; *l'une*, que l'on pouvoit calciner le mercure ; *l'autre*, qu'il avoit la propriété de le réduire par le Phlogiftique qui traverfe les vaiffeaux.

Je n'infifterai pas, Monfieur, fur la raifon de douter de la converfion de l'or *en* une chaux *irréductible*. J'avois cru que, puifque la calcination par le feu n'avoit jamais produit aucun atôme de chaux d'or, on ne devoit rien attendre d'un procédé qui ne pouvoit que multiplier le produit. Si ce raifonnement ne fatisfait pas tous les Chymiftes, je fuis affuré qu'il ne déplaira pas au plus grand nombre qui tient cette converfion pour très-incertaine, fur-tout depuis que les nouvelles expériences de M. d'Arcet ont prouvé que l'or étoit auffi inattaquable au feu de porcelaine qu'à tous les autres feux. C'eft à vous, Monfieur, à faire ceffer cette incertitude, en répétant l'expérience de Kunckel, puifque vous feul

P. 198.

prenez en son récit la confiance nécessaire pour soutenir le courage de l'Artiste dans une pareille entreprise. Au reste, vous pourrez voir encore dans' mes *détails superflus*, que je ne suis pas tant éloigné de croire à la calcination de l'or par les acides, puisque je propose de ne regarder son indestructibilité que comme l'effet de la propriété de se réduire ainsi que le mercure, & qu'il possede à un degré plus éminent.

P. 200.   Permettez-moi, Monsieur, de douter que vous m'ayez encore bien compris, lorsque supposant sans preuve, sans probabilité, que le contraire peut arriver, vous niez le principe que j'établis, *que la calcination augmentant le poids de certains corps, cette augmentation, toutes choses d'ailleurs égales, sera plus considérable quand la calcination aura été plus complette.* Il faudroit, dites-vous, s'en assurer par des expériences exactes ; vous avez

fans doute imaginé les procédés de ces
expériences ; vous auriez dès-lors bien dû
les indiquer : une infinité de Chymiftes
qui ont plus de loifir pour exécuter, &
moins de génie pour inventer, auroient
pu travailler d'après vos confeils, & nous
faurions à quoi nous en tenir. Jufques-là,
je vous oppoferai toujours avec avantage
les quatre calcinations différentes que j'ai
faites du même fer, & qui ont donné une
augmentation progreffive dans le même
degré, comme la feule expérience qui
puiffe être ici décifive, parce que le fer
eft le feul des métaux dont on puiffe juger
la calcination plus ou moins avancée,
autrement que par l'augmentation même
du poids, le feul qui offre par conféquent
dans fon magnétifme un moyen d'eftimer
par comparaifon deux effets fimultanés,
produits par la même caufe ; car il eft, ce
me femble, aifé de concevoir que le
degré de calcination n'eft ici que la me-
fure du Phlogiftique que le métal a perdu,

& non la mesure du temps ni du feu, dont l'action varie par tant d'accidens, qui peut être moins puissante sur les dernieres parties du principe volatil, qui devient nulle, dès que la terre métallique en est aussi dépouillée qu'elle peut l'être.

Cette réponse servira à la défense de ma quatrieme regle, comme vous avez voulu que l'objection pût servir à la combattre; je serois fort embarrassé d'en faire moi-même l'application.

Des quatre objections que j'avois prévues, il y en a une qui vous frappe singuliérement; c'est celle qui naît de l'augmentation de pesanteur spécifique des chaux. J'y reviendrai dans un instant, pour rapprocher & examiner en même temps tous les argumens qu'elle vous fournit; mais j'observe, en parcourant votre Extrait, que vous êtes aussi tenté de penser que le Phlogistique n'est lui-même rendu volatil que par l'ignition;

c'eſt du moins ce que j'infere de ces termes : L'Auteur *a bien ſenti qu'on pouvoit* P. 210.
lui dire que la diminution de la peſanteur
ſpécifique, qui conſtitue la volatilité, n'étoit
que l'effet de l'expanſion de la matiere, ou
d'une augmentation de volume qu'elle reçoit
par l'action du feu. Si cela eſt, faites-moi
le plaiſir de m'indiquer où eſt la cauſe de
l'expanſion, je ne dis pas ſeulement des
eſprits, des éthers, des odeurs, mais encore de cet acide ſulfureux, que je vous
avois annoncé comme s'élevant ſponta-
nément par le plus grand froid. Il n'y a
ici aucun mouvement, ni méchanique,
ni d'ignition, ni de fermentation, aucune
puiſſance qui puiſſe changer le volume ;
la matiere eſt dans un état de repos ab-
ſolu. Dites-moi donc, je vous prie,
comme vous imaginez que ce mêlange
formé de deux ſubſtances infiniment plus
peſantes que l'air, & d'une foible partie
de Phlogiſtique, s'éleve cependant dans
l'air, de maniere à laiſſer des traces auſſi

fenſibles ; & juſqu'à ce que vous m'ayez donné une ſolution ſatisfaiſante de ce phénomene, permettez-moi de demeurer perſuadé de la volatilité eſſentielle & ſpontanée du Phlogiſtique.

C'eſt peut-être trop s'arrêter à quelques petits mots qui vous ont échappé dans le cours de votre Extrait, & qui ont manifeſté votre mécontentement. Je paſſe à l'endroit intéreſſant, celui où vous P. 216. *renverſez le ſyſtême ſur lequel j'ai bâti*, où vous faites voir qu'*en admettant ce principe, il ne pourroit opérer le phénomene que je lui attribue.* Si cela vous paroît aiſé, il ne me paroît pas plus difficile de renverſer votre objection.

J'ai ſoutenu que le Phlogiſtique étoit eſſentiellement volatil ; c'eſt à-dire, ſpécifiquement moins peſant que le milieu le plus rare ; voilà mon principe : voici vos objections.

1°. L'Auteur « n'a pas pris garde que » cette définition n'étoit applicable qu'au

» feu en maffe , & non point à l'atôme
» élémentaire du feu qui , felon lui , doit
» éprouver la même action de la part de
» la caufe de la pefanteur, que toute au-
» tre matiere , fans quoi chaque être
» élémentaire auroit une pefanteur fpé-
» cifique différente ; ce qu'il reproche à
» M. Chardenon d'avoir admis gratuite-
» ment , & ce qu'il croit capable de ren-
» verfer les loix de la gravitation uni-
» verfelle.

» 2°. Il faudroit fuppofer que le Phlo-
» giftique fe combine toujours en maffes
» agrégatives , & non pas molécule à
» molécule , comme les Chymiftes le
» fuppofent de toutes les combinaifons
» élémentaires.

P. 217. & 218.

» 3°. Eft-il bien vrai que le Phlogifti-
» que en maffe, lorfqu'il eft pur, ou qu'il
» eft joint à des fubftances dont la pe-
» fanteur fpécifique, relativement à l'air,
» eft prefque nulle, s'éleve toujours dans
» l'atmofphere, par l'excès de pefanteur

» du milieu aérien ? *Un seul fait* dément
» cette affertion. Le noir de fumée,
» renfermé dans des vaiffeaux où l'air
» n'a point d'accès, foutient pendant des
» heures entieres le feu de l'embrafe-
» ment, fans perdre un grain de fon
» poids ; d'où il réfulte que le Phlogifti-
» que, *quoique agité du mouvement rapide*
» *de l'ignition*, ne peut enlever la plus
» légere des fubftances, qu'il ne peut
» l'abandonner , pour s'échapper feul
» malgré fa prétendue volatilité effen-
» tielle , & que le concours de l'air eft
» effentiellement néceffaire pour favori-
» fer cette volatilifation, comme il l'eft
» dans toutes les expériences de l'Auteur.
» Or , fi l'air entre pour quelque chofe
» dans ce phénomene, ne pourroit-on
» pas en conclure que la volatilité eft
» plutôt une qualité propre à certaines
» mixtions, où l'élément du feu entre
» pour la plus grande partie, qu'effen-
» tielle à cet être élémentaire.

» 4°. Pour éviter toute équivoque,
» il faut *traduire ainſi la doctrine* de
» l'Auteur : *Le Phlogiſtique , combiné*
» *aux terres métalliques , diminue leur*
» *peſanteur ſpécifique dans l'air, & l'aug-*
» *mente dans l'eau, & au contraire*, &c.
» Il a beau dire que le volume des chaux
» métalliques augmente par la calcina-
» tion, que le Phlogiſtique qu'on leur
» redonne ſe loge dans leur vuide, & en
» reſſerre les pores ; le Phlogiſtique ,
» plus peſant que le vuide de ces pores,
» devroit ajouter un poids ſenſible,
» même dans l'air, en s'uniſlant aux
» chaux métalliques ; ou, s'il diminue
» leur poids dans l'air, qui eſt un milieu
» très-rare, il doit, à plus forte raiſon,
» le diminuer dans l'eau, qui eſt beau-
» coup plus denſe, par conſéquent il
» devroit arriver préciſément le con-
» traire de ce qui arrive. »

Telles ſont, Monſieur, vos objections, que j'ai eu l'attention de rappro-

P. 219, 220.

cher, & de rapporter dans vos propres termes, dans la crainte de les affoiblir; je les reprends maintenant pour les discuter.

Sur la premiere, je dis d'adord que vous obferviez, il n'y a qu'un inftant, qu'*il n'étoit pas démontré* que le Phlogiftique fût le feu pur & élémentaire, qu'il n'y avoit encore que *des probabilités* pour cette opinion, & que vous le fuppofez maintenant bien vérifié, puifque vous en faites la bafe de votre critique; vous conviendrez que cela eft commode : au refte, je fuis bien éloigné de vous nier cette fuppofition. Si j'ai cru devoir laiffer encore le choix des deux fyftêmes dans mon troifieme Chapitre, je n'ai pas héfité, dans le cinquieme, d'adopter celui qu'au befoin vous erigez en axiome, parce que la nature m'avoit inftruit par quelques faits nouveaux; c'eft comme cela qu'il eft permis de paffer du doute à la conviction, & je dois, aux lumieres

d'un

d'un de ces hommes qui voient toujours au-delà de ce qu'on leur préſente, l'idée d'une expérience ultérieure, qui me fournira probablement de quoi en compléter la démonſtration.

M'auriez-vous ſoupçonné, Monſieur, de confondre l'action de la cauſe de la peſanteur, avec le poids qu'un corps, qu'un élément, ſi vous voulez, ſe trouve avoir par comparaiſon à un autre, ou auriez-vous vous-même confondu ces deux choſes ? C'eſt une queſtion que je ſuis forcé de vous faire, & que vous ſeul pouvez réſoudre : pour moi, je vous déclare qu'elles ont toujours été très-diſtinctes à mon eſprit : ainſi j'ai dit, & je perſiſte à dire, que tout ce qui eſt matiere, éprouve de la part de la cauſe de la peſanteur, une action toujours égale ; c'eſt-à-dire, toujours proportionnée à ſa maſſe : que ſoutenir le contraire, ce ſeroit renverſer les loix de la gravitation univerſelle. J'ai dit encore, & cela n'eſt nullement contradiĉtoire, que tel atôme élémentaire a fa gravité propre ; c'eft-à-dire, plus grande ou plus petite par rapport à tel autre. Ce n'eft pas ici une probabilité, c'eft une conféquence néceffaire du fyftême de l'homogénéité de la matiere ; car fi la matiere eft une, les élémens ne peuvent différer entr'eux que par la forme, & ils ne peuvent différer par la forme, fans admettre une quantité différente de matiere fous le même volume ; c'eft dans ce fens que M. de Buffon indiquoit l'or & l'air comme les extrêmes de toute denfité ; ainfi je n'ai pas reproché à M. Chardenon d'avoir admis une pefanteur fpécifique différente dans les êtres élémentaires, parce qu'il ne l'a dit nulle part, parce que s'il l'eût dit, je l'aurois répété avec lui ; mais je lui ai reproché d'avoir fuppofé une augmentation de la caufe de la pefanteur, d'avoir imaginé une nouvelle force attractive, indépendante de la maffe, du

volume, de la figure & de la diftance ;
agiffant fur telle matiere, & n'agiffant
pas fur telle autre, ni avec effet, ni fans
effet; d'avoir donné enfin aux élémens,
non un *poids* différent, mais une *pefanteur*
différente. Or, rien n'eft affurément plus
oppofé que ces deux fyftêmes; le mien
fe déduit des loix connues; celui de M.
Chardenon les détruit.

Qu'il me foit donc permis de vous dire
à mon tour que vous n'avez pas pris garde
que l'on pouvoit tout à la fois combattre
l'erreur de M. Chardenon, & affigner à
l'élément du feu une pefanteur fpécifique
différente de tout autre élément; qu'ainfi
ma définition convenoit à l'atôme élémentaire du feu, comme au feu en maffe,
& que toute votre objection portoit fur
une fuppofition.

Après cette explication, je puis me 2e. ob-
difpenfer de répondre à votre *feconde* jection
objection. Il eft évident que je ne fuis plus

forcé de suppofer que le feu fe combine
en maffes aggrégatives , puifque fon élément même eft volatil dans tous les mi-
lieux. Mais je fuis bien aife de vous de-
mander quelles font les grandes difficultés
que vous trouvez dans cette hypothefe,
& fur-tout qu'eft-ce que vous entendez
par *combinaifon élémentaire*. Voulez-vous
dire que toute combinaifon fe fait d'élément à élément? Je vous renverrai alors
à ce que j'ai dit dans mon Effai fur la
Diffolution, pour montrer l'erreur de
cette opinion. Regarderiez-vous chaque
terre métallique comme un élément par-
ticulier? Si c'eft là votre penfée, je la
crois nouvelle, & je doute que vous
puiffiez nommer les Chymiftes dont vous
invoquez l'autorité. Appellez-vous enfin
combinaifon élémentaire, celle qui fe fait
d'une terre métallique avec le Phlogiftique? Mais on doit concevoir, ce me
femble, le corps fimple infiniment plus
petit qu'un corps compofé ou même fur-

compofé, & dès-lors il n'eft pas poffible que la réduction de la plus petite partie de terre métallique, puiffe fe faire par un feul atôme de Phlogiftique ifolé.

Me voici arrivé au point où vous m'attendez ; je veux dire à cette objection triomphante où vous m'accordez plus que je ne demande, pour renverfer enfuite mon fyftême, en m'oppofant un *feul fait*, que vous ne croyez pas poffible d'expliquer dans mes principes. Hé bien, Monfieur, il y a bientôt quatre ans que j'ai donné une explication complette de ce même fait, dans un Mémoire que l'Académie de Dijon a inféré dans le premier volume de fa Collection, imprimé en 1769 ; c'eft le même que j'ai rappellé à la page 77 de ma Differtation fur le Phlogiftique, en annonçant que les nouvelles expériences dont je rendois compte, m'avoient fourni des additions pour ce Mémoire ; tant j'étois éloigné de pré-

3ᵉ. Objection.

voir que le phénomene, qui en fait le ſujet, pût être oppoſé à ma théorie de la volatilité du Phlogiſtique. Souffrez donc, Monſieur, que je vous renvoie encore aux preuves que j'y ai raſſemblées; vous y verrez que le charbon ou la ſuie, ex-poſés au feu dans des vaiſſeaux fermés, n'éprouvent aucun mouvement d'igni-tion : ce n'étoit pas là le plus difficile à deviner; perſonne, avant vous, n'avoit ſoupçonné le contraire; on ſavoit bien que ces ſubſtances étoient exactement dans cet appareil, comme de l'eau que l'on tient ſur le feu dans un vaſe fermé, qui eſt inceſſamment diſpoſée à bouillir, puiſque, ſi le vaiſſeau éclate, elle ſe diſſipe en vapeurs, puiſque, ſi on l'ou-vre avant le réfroidiſſement, elle donne ſur le champ des ſignes de la plus forte ébullition, qui ne bout pas cependant, & qui n'eſt par conſéquent agitée d'aucun mouvement. C'étoit la raiſon de l'effet qu'il falloit trouver, & j'eſpere que vous la reconnoîtrez avec moi dans la trop grande raréfaction de l'air, c'est-à-dire, dans l'excès du reffort qu'il prend, plutôt que parce qu'il manque ; parce qu'il eft évident que l'effort de raréfaction dans un efpace borné, équivaut à denfité : & pour-lors vous ne ferez pas plus furpris de voir que le Phlogiftique, quoique volatil, n'enleve pas la terre légere de la fuie dans les vaiffeaux clos, que de le voir céder à toute autre force qui le comprimeroit. Jufqu'à ce que vous ayez pris la peine de me détromper, je croirai avoir fondé cette théorie fur plufieurs faits décififs, indépendamment de ceux que je vous ai annoncés, que je pouvois y ajouter ; car quand on eft dans le bon chemin, les renfeignemens fe multiplient à chaque pas.

Avant de finir fur cette objeftion, je vous dois rendre, Monfieur, la juftice, que vous ne reffemblez pás à la plupart des Critiques, qui s'attachent à tout détruire, fans rien édifier, & à qui Martial diroit : *corrumpit fine talione cælebs.* Vous avez hafardé auffi votre mot, en propofant de regarder la volatilité comme une qualité propre à certaines mixtions, où l'élément du feu entre pour la plus grande partie, & cette propofition vous paroît fondée fur ce que l'air eft néceffaire pour favorifer toute volatilifation. J'examine d'abord votre principe, & je trouve *plus d'un fait* qui le détruit. 1°. Quand on débouche un flacon rempli de liqueur fumante, elle fe porte fur le champ à l'orifice, & le remplit de maniere à ne pas laiffer croire qu'il puiffe y avoir deux courans : donc ce n'eft pas l'air qui produit cette volatilité.

2°. Suivant le procédé de tous les Chymiftes, lorfqu'on diftille le mercure ou le foufre des pyrittes, on plonge le bec de la cornue dans l'eau, l'air du dehors ne peut y entrer : cela eft fi vrai, que lorfqu'il fe fait un vuide par le réfroidiffcment, ce n'eft pas l'air, mais l'eau qui le remplit; cependant les matieres s'élevent; donc ce n'eft pas l'air qui les fait élever. 3°. Suivant une expérience de Boyle, que j'ai indiquée, fi on remplit de fumée le récipient de la machine pneumatique, & qu'après l'avoir laiffé condenfer, on applique d'un côté un fer chaud, elle s'éleve auffi-tôt, fans qu'il foit befoin que l'air du dehors communique dans l'intérieur. 4°. Vous avez pu voir, page 240 de ma Differtation fur le Phlogiftique, que deux onces de fer placées dans une cornue, dont le col étoit rétréci de plus des deux tiers, ont fubi une calcination affez forte pour donner une augmentation de trente-cinq grains. 5°. J'ai rapporté, page 213, une calcination opérée en vaiffeaux fermés par l'effet du cement maigre, & M. Mitouart a depuis obfervé l'évaporation du diamant enfermé dans le même cément. (Obfervat. de Phyf. de M. Rozier, Juin

1772) 6°. Le charbon enfermé se consume sensiblement , si l'on adapte au vaisseau un tuyau par où l'air dilaté puisse s'échapper. C'est le procédé de l'expérience indiquée à la suite de mon Mémoire , sur les phénomenes de l'air dans la combustion ; donc c'est la trop grande dilatation , & non le défaut d'air qui s'oppose aux combustions & calcinations dans les vaisseaux clos.

7°. *Autre fait*, M. Roux a donné à M. d'Arcet *de la chaux fort blanche, qu'il a obtenue en traitant de l'étain dans des vaisseaux fermés, & rougis simplement pour le tenir en fusion* (1).

Je ne sais, à vous dire vrai, quel est ce M. Roux qui a obtenu cette chaux ; mais quelque soit la valeur intrinseque de son témoignage, vous conviendrez que la foi que lui a donnée M. d'Arcet, lui ajoute

____

(1) Mém. de M. d'Arcet, sur le diamant, &c. pag. 160.

quelque prix ; au reſte, je crois inutile de vous avertir que malgré la reſſemblance de nom, je n'ai pas penſé un ſeul inſtant que ce pût être vous-même : atteſter aujourd'hui un fait, & demain en nier la poſſibilité, parce que cela convient à l'intérêt critique du moment ! cela n'eſt pas dans l'ordre des choſes que l'on peut ſoupçonner.

8°. Le diamant s'évapore, le mercure ſe ſublime dans les vaiſſeaux de porcelaine, & le charbon s'y conſume, tout de même qu'il s'eſt conſumé dans l'expérience indiquée à la ſuite de mon Mémoire ſur la combuſtion ; demanderez-vous encore comment cela ſe fait ? Voici la réponſe des habiles Chymiſtes qui ont obſervé ces réſultats. « On a lieu de » croire que toute pâte de porcelaine, » avant d'acquérir le dernier degré de » cuiſſon, ſouffre une déſunion des mo» lécules de ſa compoſition, *par l'expan» ſion des vapeurs fluides qu'elle contient*

» (1). » C'eſt donc la préſence de ces vapeurs, c'eſt donc la denſité produite par l'effort de leur expanſion, & non pas le défaut d'air qui arrête la combuſtion & empêche la calcination ; car il n'eſt encore venu à l'idée de perſonne qu'un air nouveau pût pénétrer dans l'intérieur par des iſſues auſſi étroites, continuellement occupées par le fluide qui y eſt renfermé, & qui tend à s'échapper avec une force proportionnelle au feu auquel le vaiſſeau eſt expoſé (2).

Voilà déjà huit faits qu'il me paroît bien difficile de concilier avec votre opinion ; j'en ajoute un neuvieme, qui eſt tout autrement déciſif. Vous avez pu voir, Monſieur, dans une excellente Diſſertation de M. Cigna, inſérée aux

---

(1) Obſervat. de Phyſique de M. Rozier, Septembre 1772, pag. 73, 74.

(2) Voy. Obſervat. Phyſiques, & Mém. de M. d'Arcet, *loc. cit.*

Obſervations de Phyſique de M. l'Abbé
Rozier, pour le mois de Juillet 1772,
que les liqueurs volatiles s'évaporoient
dans le vuide, qu'elles y perdoient même
beaucoup plus de leur poids qu'en plein
air, & que cette évaporation ne ſe ral-
lentiſſoit ſur la fin, que parce que l'eſ-
pace étoit ſaturé de vapeurs : je ne m'ar-
rêterai pas à vous faire obſerver com-
bien cette explication a d'analogie avec
la théorie que j'ai cherché à établir dans
mon Mémoire ſur les phénomenes de
l'air dans la combuſtion ; je me bornerai
à vous dire, ce n'eſt donc pas l'air qui
eſt le principe de volatilité ? Pour appuyer encore cette concluſion, j'ai imaginé de mettre un charbon dans un vaiſſeau purgé d'air, & fermé avec ſoin ſous
le récipient tubulé de la machine pneumatique ; le charbon étoit bien ſec,
exactement peſé, les luts renforcés par
des enduits multipliés ont bien tenus :
cependant le charbon, expoſé au feu dans

cet appareil, a perdu une premiere fois trente-sept grains sur cent quatre-vingt-six, une autrefois le septieme de son poids, & sa surface étoit légérement cendreuse. Que la combustion se soit arrêtée, parce que l'espace s'est trouvé saturé de vapeurs, comme le dit ingénieusement M. Cigna, ou parce que l'effort de raréfaction a produit, comme je le pense, une densité résistante au mouvement igné, il n'importe, le fait me suffit ici, & dans l'une & l'autre des hypotheses, il s'accorde avec l'observation de M. Beccaria, que la calcination qui se fait en vaisseaux de verre fermés hermétiquement, est en proportion de leur capacité.

Je ne dissimule pas que si ces expériences réussissoient dans un vuide parfait, comme il n'y auroit absolument plus de milieu, on ne pourroit plus expliquer la volatilité du Phlogistique par le rapport de sa densité avec celle du milieu ;

& pourquoi le diſſimulerai-je ? N'ai-je pas aſſez témoigné que je ne cherchois que la vérité ; que je ne deſirois que d'en être convaincu, lorſque j'ai averti mes Lecteurs que je n'avois pas *oſé aller auſſi loin que M. Pott*, qui excepte l'élément du feu de la loi commune de la gravitation, & qu'ils jugeroient peut-être que j'avois augmenté la probabilité de cette opinion : c'eſt en effet la ſeule objection que je redoute, ſi je dois nommer ainſi un ſyſtême dont j'ai fourni la baſe, une idée à laquelle on n'arrive, avec quelque certitude, qu'en ſuivant le chemin que j'ai tracé ; mais quoi qu'il en ſoit, Monſieur, vous comprenez que plus les faits & les raiſons ſe multiplient pour prouver que le Phlogiſtique a un centre de révolution différent des corps graves, moins on eſt fondé à nier, comme vous le faites, ſa volatilité eſſentielle, & qu'ainſi vous n'avez pas bien rencontré, lorſque vous donnez, comme un principe certain, que l'air eſt néceſſaire à toute volatiliſation.

Du principe, venons à la conſéquence. Qu'entendez-vous, s'il vous plaît, par qualité propre à certaines mixtions, où l'élément du feu entre pour la plus grande partie ? Je crois que vous feriez aſſez embarraſſé, s'il vous falloit développer votre penſée ; car ſi vous répondez que cette qualité eſt l'effet de la denſité propre du mixte, je prendrai la liberté de me plaindre à vous de ce que vous avez cherché à vous déguiſer par cette tournure myſtérieuſe ; je vous ferai voir que ſi vous vous fuſſiez expliqué dans le langage ordinaire des Phyſiciens, vous vous feriez retrouvé malgré vous dans le chemin qui mene directement à ma théorie, parce que ſi le mixte n'eſt volatil que parce qu'il eſt diſſous par une ſuffiſante quantité de feu, c'eſt au feu, & non au mixte, qu'appartient eſſentiellement la volatilité. Si vous me répondez au contraire que cette qualité eſt indépendante

de toute pefanteur relative, je vous de-
manderai qu'eft - ce qu'une qualité qui
n'eft déterminée par aucune loi phyfique,
ni méchanique, qui n'eft inhérente à aucun corps, qui n'eft propre à aucune
partie compofante, & qui devient propre au compofé, ou plutôt je vous ferai
mon compliment d'avoir ajouté au fu-
blime ténébreux des qualités ocultes.

Votre derniere objeċtion, Monfieur, 4ᵉ. Ob-
ne m'arrêtera pas long-temps, je ne me jeċtion.
reconnois nullement dans votre traduc-
tion ; jufqu'ici j'avois cru que l'art des
verfions, fi difficile quand il faut rendre
les images d'un Poëte, la maniere d'un
Orateur, ne pouvoit nous tromper, lorfqu'il n'étoit queftion que d'exprimer dans
d'autres termes un fait phyfique, ou
l'hypothefe qui l'explique. Je vois maintenant que cela n'eft pas non plus fans
difficulté s & même fans danger ; car je ne
me permets pas de foupçonner que vous

ayez voulu me traveſtir au lieu de me traduire, pour vous donner plus d'avantage : cependant n'avez - vous pas ſenti que c'étoit me prêter une erreur bien groſſiere, que de me faire dire que le Phlogiſtique qui ſoutenoit les terres métalliques dans l'air, à raiſon de la plus grande denſité de ce fluide , produiſoit un effet tout contraire dans un fluide encore plus denſe? Comment avez-vous pu vous laiſſer aller à cette idée , après ce que j'ai obſervé par rapport à la denſité du ſoufre, que je vous ai dit qui devoit être plus conſidérable que celle du caillou , quoique l'union du Phlogiſtique fît perdre à l'acide concentré près de moitié de ſon poids dans l'eau? Je vois ce qui a pu vous induire en erreur ; accoutumé à regarder la peſanteur relative comme une meſure exacte de la denſité ou de la quantité de matiere , ſous un volume donné, vous avez voulu juger d'après cette prévention , d'un ſyſtême qui la détruit ; ayez la complaifance d'abandonner un inftant cette opinion , & le petit calcul que je vais mettre fous vos yeux, fuffira pour écarter toutes les contradictions que vous aviez cru appercevoir dans mes principes.

Puifque vous convenez que le plomb calciné augmente d'un dixieme de fon poids, fans qu'il s'y joigne de nouvelle matiere, il eft clair qu'un lingot que vos balances évaluent à 11500 grains, con-tient réellement 12650 grains de terre métallique.

Ces 12650 grains, dans l'état de com-binaifon avec le principe volatil, perdent dans l'air 1150, & dans l'eau 2150.

Après la féparation du principe volatil, ces 12650 perdent dans l'air une quantité que l'on eft convenu de porter pour *zero*: ils perdent dans l'eau 1450.

Si toutes chofes étoient demeurées égales, j'aurois déjà une perte de poids de 700 pour l'effet propre de la volatilité

du Phlogiſtique dans l'eau, & certainement cet effet, s'il n'eſt pas proportionné,
eſt du moins très - analogue à ce qui ſe
paſſe dans le fluide moins denſe, très-
conſéquent à mes principes ; mais il s'en
faut bien que toutes choſes ſoient demeurées égales, à la ſéparation près, du
Phlogiſtique. 1°. On ſait que le Phlogiſtique emporte toujours une partie
conſidérable de la terre métallique ; on le
ſait par le déchet que l'on trouve après la
réduction de la chaux ; on le ſait par la
belle expérience de M. Geoffroy, ſur le
plomb même.

2°. Le volume n'eſt plus le même :
ſuppoſons qu'il ait ſeulement doublé, ce
ſera 725 que la chaux aura perdu dans
l'eau, par une circonſtance étrangere à
l'effet que nous cherchons, qu'il faudra
rendre par conſéquent à cet effet.

D'où il réſulte que la volatilité du
Phlogiſtique diminue dans l'eau comme
dans l'air, le poids ſenſible des matieres
auxquelles il eſt uni.

Voilà, Monsieur, ce que j'ai dit &
répété en cent endroits, & de cent ma-
nieres différentes, & ce qui ne me paroît
fufceptible d'aucune équivoque.

Je fuis, &c.

A Dijon, ce 27 Novembre 1772.

APPROBATION.

J'AI lu, par ordre de Monseigneur le Chancelier, un Manuscrit faisant la suite de la Dissertation sur le Phlogistique, par M. *de Morveau*, & ayant pour titre : *Défense de la volatilité du Phlogistique, ou Lettre de l'Auteur des Digressions Académiques*, &c. Cette espece de supplément m'a paru mériter les mêmes éloges que les premieres parties de l'Ouvrage. A Paris, ce 15 Décembre 1772.

MACQUER.